现代建筑名家名作系列　　史蒂文·霍尔　芬兰现代艺术博物馆

Steven Holl

现代建筑名家名作系列

The Excellent Works
of The Great Architects

史蒂文·霍尔

芬兰现代艺术博物馆

著文／摄影　方海

中国建筑工业出版社

史蒂文·霍尔及其名作：
芬兰现代艺术博物馆

方海

作为当今最有影响的建筑师之一，史蒂文·霍尔(Steven Holl) 坦言其成功来自他所受到的专业教育。在华盛顿大学，霍尔有幸受教于赫曼·彭德 (Hermann Pundt) 教授，彭德教授以独特而细致的方式向学生展示三位重要建筑师：辛克尔 (Schinkel)、沙利文 (Sullivan) 和赖特 (Wright)。同时，彭德教授的名言，"通过旅行直接体验建筑是学习的惟一途径，照片是不可信的"，使霍尔真正认识到建筑的原则，并集中到明晰和简洁方面。当 1971 年霍尔大学毕业时，他有幸得到去罗马留学一年的机会，并在这一年中，在阿斯特拉·扎里纳 (Astra Zarina) 教授指导下，充分了解到文化内涵对建筑的重要影响。随后不久，霍尔又进入伦敦建筑协会学习，在这里，他同几位后来同样成名的建筑师如扎哈·哈迪德 (Zaha Hadid) 和瑞·库哈斯 (Rem Koolhaus) 一道，走访欧洲建筑圣地，追寻现代设计的真谛。霍尔非常勤奋好学，自 1976年在纽约开办建筑事务所，他在很长时间内以假想方案验证与完善自己对建筑设计的探索，并与许多建筑评论家如肯尼斯·弗兰姆普顿 (Kenneth Frampton) 等人反复切磋，不断丰富自己的设计理念。

在建筑设计的探索方面,霍尔首先从地域文化入手,在设计中全力探索建筑与基地的关系,这种探索成为霍尔在20世纪70至80年代建筑设计作品中最重要的主题。这种探索同时亦带有强烈的生态学的意味。

霍尔的作品首先是简洁,而这种简洁完全出自对建筑语言的探求,它既不同于后现代建筑师的隐喻观念,又迥异于解构主义建筑师的炫耀意味,霍尔的目标是追求建筑的本质层面,他称之为"建筑的原型要素"。霍尔的这种追求非常明确地体现在他的早期作品洛森·普尔(Rosen Pool)住宅上。这件作品给观者的直观印象只是门窗的开口,并以最常见的建筑词汇,如窗台、玻璃、柱列及屋顶,来描述他的作品。因为每一处细部都经过反复推敲,且做工精良,使每一构件都名副其实,这幢住宅成为霍尔作品中最丰富最有说服力的实例之一。这种精到的简洁使很多人把霍尔看成是一位"新现代主义"建筑师,但霍尔不以为然。霍尔实际上只是简约意义上的现代主义者,就像早期现代建筑大师们将古典柱式净化一样。对霍尔而言,设计中的简洁是与建造过程的表达方式互为表里的,因此而排斥装饰,但与任何复杂的理论无关。

霍尔的建筑作品热衷于提倡技术和手工艺,并渴望在发现新材料和制作细节的过程中发现并享受乐趣。建筑大师密斯的名言"上帝在细节当中"完全适用于霍尔的作品。霍尔认为装饰是多余的,但细节却是建筑设计最本质的内容之一，并直接与操作工艺及材料密切相关。有人说霍尔的建筑可能是沉默的，但建筑中的各个细节，玻璃窗、灯具、扶手、楼梯及家具，却不断地窃窃私语。在本文将要介绍的芬兰现代艺术博物馆中，霍尔设计了包括部分家具在内的大量细节，其中的灯具和扶手等设计实际上使用着建筑构思中的同一主题。

霍尔的作品注重比例和数学关系，这一点在他 1978 年设计的"望远镜住宅"中表现最为直截了当，该住宅的立面处理完全建立在黄金分割比例的基础上。古罗马建筑理论家维特鲁威早就告诫建筑师们：没有比例就谈不上设计。霍尔对这一点可谓心领神会，这使得他的作品能与古典的和文艺复兴的传统有一种内在的联系，并同时又能以一种看不见的

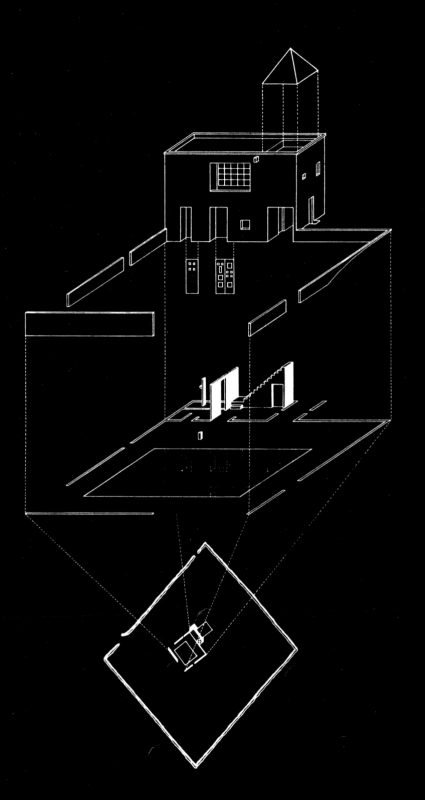

洛森·普尔住宅，纽约，1981年，平
面及轴测分析图

1. 通道
2. 普尔住宅
3. 雕塑工作室

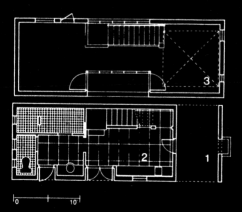

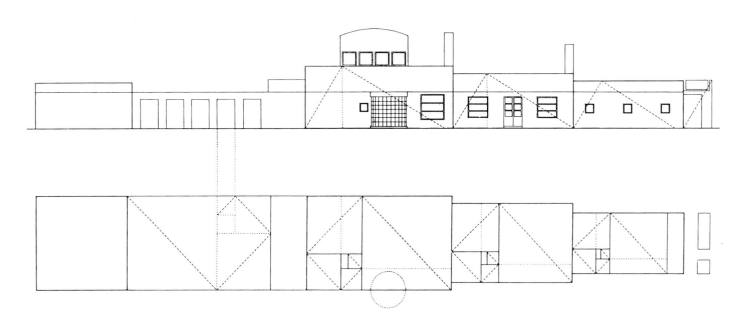

"望远镜"住宅，马里兰州，1978年，
立面比例分析图

比例框架尺度将其全部作品统一起来。在霍尔心目中,这种执着的对古典比例的追求,能从根本上满足现代建筑中的一种精神需要, 这种需要完全超越于基本功能之上。

在当代著名建筑师当中,真正对民居建筑感兴趣的人并不多,霍尔则是其中非常突出的一位,他的对各地民居的浓厚兴趣来自他对地域文化的重视和对建筑与基地关系的着迷。霍尔出生于美国华盛顿州,因此对美国西北部太平洋沿岸的民居木结构始终情有独钟,并因此被称为"木匠建筑师"。霍尔曾花费很多时间对民居进行系列研究,并出版有《城乡住宅类型》、《系列城市》及《混合建筑》等著作, 对民居进行归类、简化,研究其类型、空间和功能。霍尔的这些研究分析与他早期的建筑设计方案有着极为密切的关系,这些早期方案实际上都是对建筑设计基本元素的研究探讨。霍尔认为,民居建筑中蕴含有许多没有明显表露出来的设计内涵,尤其在类型学和几何构成方面,而这些内涵正是所谓的"高等建筑"中所缺乏的。

在现代建筑的发展过程中,只有北欧建筑师始终注意建

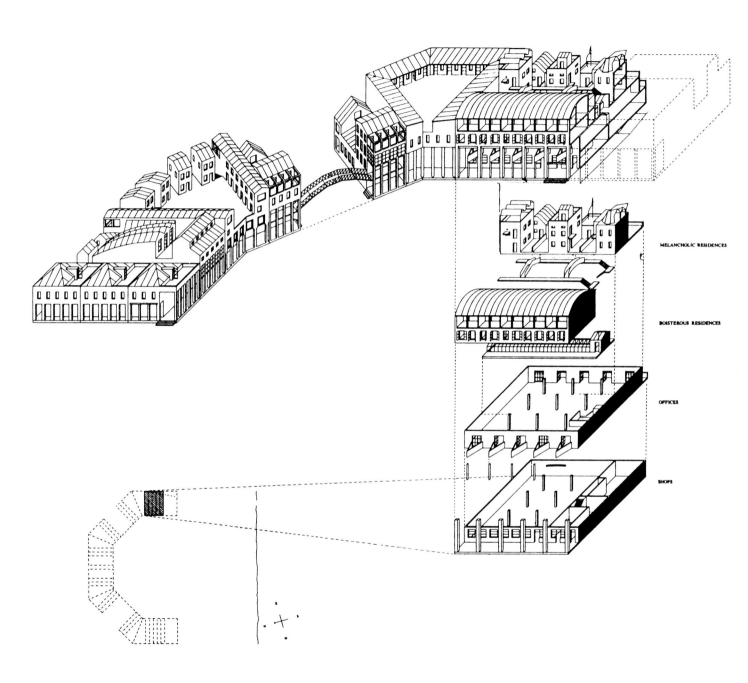

MELANCHOLIC RESIDENCES

BOISTEROUS RESIDENCES

OFFICES

SHOPS

海滨公寓，佛罗里达州，1985—1988
年，轴测分析图

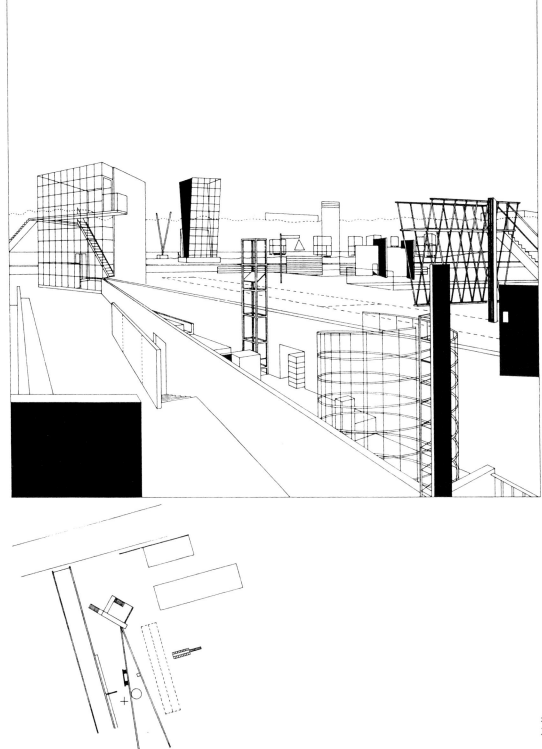

米兰方案，意大利，1986年，平面
及透视分析图

筑的社会学要义，而在欧美多数国家，对建筑的社会学、生态学意义只是最近几年才真正引起重视，但霍尔却是其中一个例外。霍尔从一开始就在设计中强调社会学的意义，在其早期作品中，如海滨建筑和米兰方案，霍尔始终从根本上关注人们将如何在他设计的空间中生活、工作和娱乐。然而，霍尔又并非一个天真的"社会乌托邦主义者"，他只是更加关心社会中的每个个体，关注生活中尽可能多的诗意：沉思和隐居、刺激与活力、私密性与社会交流。

如果说，笔者上述所论及的方面只是霍尔建筑作品的表皮文章，那么，霍尔作品的本质内容则是对现象学的探讨。在《系列城市》中，霍尔感叹"今天的世界充斥着诸多的房子，却很少有建筑"。对霍尔而言，如果没有对建筑的体验本能，对建筑中的材料、光、阴影、色彩、尺度和比例的知觉，那就谈不上建筑。霍尔博览群书，尤喜哲学著作，如德国哲学家胡塞尔（Husserl）和海德格尔（Heidegger）的论著，使霍尔更加确信建筑中体验的和触觉的尺度感，霍尔后期作品中细节与材料对空间感知的作用已成为一种水乳交融的景象。本文介绍的芬兰现代艺术博物馆是这方面的一个突出实例。然而，对霍尔的后期建筑观影响最大的当数法国哲学家毛里斯·麦利尤－彭蒂（Maurice Merleau-Ponty）。

　　麦利尤－彭蒂是法国著名哲学家萨特的好友，毕生对感知和现象学充满浓厚的兴趣，他在其著作《感知的现象学》中的技术性语言和在《可视的与不可视的》中的更富于诗意的注释对建筑师提出了重要的挑战。他言简意赅地论述道：如果在我们这个社会中有人对感知的论述比感知本身更有趣味，那么我们的文化肯定有问题。麦利尤－彭蒂在其著述中告诫世人，感知，以及人类对意义的理解，要比我们用已有的科学模式试图去掌握的东西神秘得多，复杂得多。

　　麦利尤－彭蒂对世人尤其是建筑师的挑战是关键而持久的，并将建筑实践在深层意义上引入一个转折点，因为人们普遍认为意义只是一种精神上的关联，空间只是"一种地方"并完全是量化的（由三维定向来描述），而这些就是"真实"。因此麦利尤－彭蒂促使建筑师努力发掘"平常"的神秘并展示深层的内涵。

　　霍尔非常自觉地接受这种挑战，并使其近期作品都带有自觉的哲学意味。尽管很显然，霍尔的作品中能充分展现出对物质层面、光、色彩和纹理的精心思考和处理，然而，更值得注意的是，如果霍尔作品中对建筑的感知层面非常关键的话，那么它本身并非目的，而是引发使用者想像力的一种手段。在霍尔作品的形式技巧之外，还有一种更微妙的主题，即对体验性瞬间的关注，这种关注往往成为霍尔作品中对"项目"的关键性诠释，并提供某种可能将积极的旁观者转化为主人，使之通过体验去认识一种潜在的整体。

霍尔认为建筑是一种内在的交织，建筑能够塑造并影响空间和时间，并进而改变我们生活的方式。麦利尤－彭蒂的理论是霍尔建筑观的源泉。霍尔在主观上始终努力将当代有影响的哲学思考反映到建筑实践当中，这种与哲学的联系，实际上是人类建筑传统的一个重要组成部分。远在维特鲁威时代，建筑师就已经努力去理解建筑如何才能够作为一种知识在社会上发挥作用。对霍尔而言，将麦利尤－彭蒂的哲学观念引入建筑思考中源自一种双重的感知。一方面是对建筑作为一种事物的感知，即文化和建筑是不可分割的；另一方面，建筑不能被简化成一种力量的形式，而是一种创造性想像力的宣言。霍尔建筑设计的终极目的就是完成一种社会空间内在的交织，为此，霍尔所使用的工具——简洁的造型语言，比例关系，对细节的关注，以及对民居的不懈研究——都只是手段而已，为的是在建筑与基地、空间与文化之间建立并发展一种现象学意义上的联系。

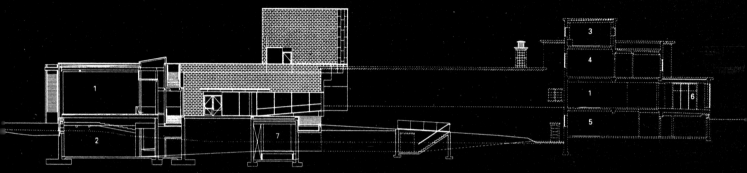

1. 常年陈设
2. 临时陈设
3. 图书馆
4. 办公室
5. 教室
6. 咖啡
7. "水的故事" 展览通路

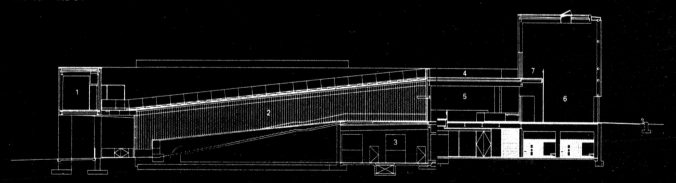

1. 研究室
2. 科学庭院
3. 机械室
4. 屋顶平台
5. 休息大厅
6. 外部休息大厅
7 夹层

匡溪科学院增建项目，密歇根州，
1991-1994年，穿过科学园的剖面图

在其著作《城乡住宅类型》中，霍尔这样概括自己的作品："一种几何的精神，一种独立思考的感觉，一种对细节的持续不断的准备和调整，以及一种整体的连贯性。"霍尔之所以能成为当今最引人注目的建筑师之一，不仅是因为他的许多方案中标并成功建造，不仅因为他对建筑理论的贡献，而且是因为他的建筑设计思想达到了一种几乎是天然的调合。这是他多年勤奋思考并悉心实践的结果。中国有句古谚：日有所思，经史如治；久于其道，金石为开。霍尔的例子正应验了这句话。当霍尔的大多数同事和朋友们都在追逐商业成功时，霍尔却对此怀疑，他认为浮躁的心态不会带来真正的思考。

从上述哲学观念出发，霍尔的建筑作品从不同出发点去探讨建筑的意义，这在其近作中，如匡溪科学院增建项目、圣英格那蒂斯教堂、贝尔威艺术博物馆，以及芬兰现代艺术博物馆等表现非常充分。霍尔的建筑决不会去刻意寻求一种源泉或基础，也不会将简单的文化层面作为惟一的设计理念，而是力图使建筑成为一种行为，一种环境和社会的组成因素。笔者下面以芬兰现代艺术博物馆为例来分析霍尔的典型建筑作品。

芬兰现代艺术博物馆于1998年夏正式开馆。在当时，这

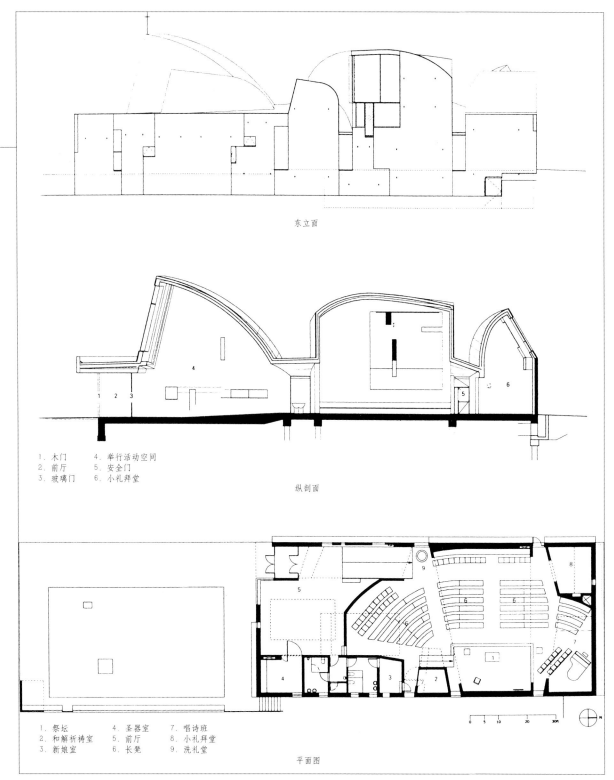

东立面

1. 木门　　4. 举行活动空间
2. 前厅　　5. 安全门
3. 玻璃门　6. 小礼拜堂

纵剖面

圣英格那蒂
斯教堂，西雅
图市，1994—
1997年，平、
立、剖面图

1. 祭坛　　　4. 圣器室　　7. 唱诗班
2. 和解祈祷室　5. 前厅　　　8. 小礼拜堂
3. 新娘室　　6. 长凳　　　9. 洗礼堂

平面图

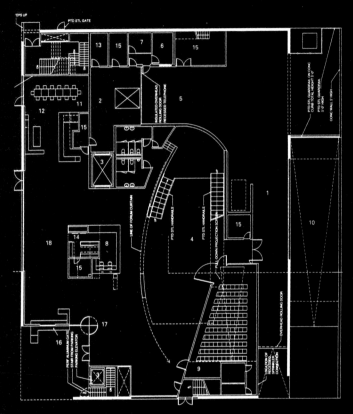

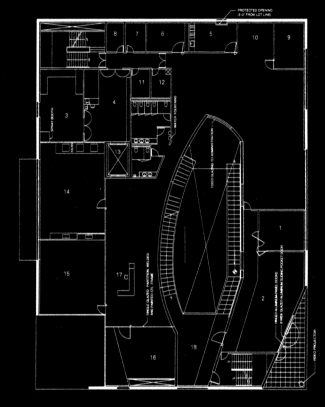

1. 艺术品车库	7. 馆内管理	13. 配电室
2. 辅助用房	8. 售票／问讯	14. 衣帽检查
3. 电梯	9. 礼堂／展览	15. 贮藏
4. 会议室	10. 通往停车场的上下坡道	16. 长凳
5. 卸货	11. 餐厅	17. 大厅
6. 保安	12. 咖啡	18. 馆内商店

首层平面

1. 艺术家室	7. 数据库	13. 电梯
2. 探险空间	8. 配电室	14. 陶艺制作
3. 展览准备	9. 馆长室	15. 教室
4. 展览辅助	10. 活动空间	16. 图书馆
5. 休息室	11. 贮藏	17. 服务台
6. 会议室	12. 门卫室	18. 上层大厅

二层平面

贝尔威艺术博物馆，华盛顿州，
1997-2001 年，首层及二层平面图

座博物馆的落成是各界人士期盼已久的。笔者参加了开幕展演会，第一次切身体验这座观念全新的现代博物馆，心中顿有激情迭起的感觉，而与建筑师霍尔的第一次交谈更使笔者对其设计理念及手法加深了理解。以后几乎每周都路过，参观或逛其书店，亦发现其空间和气氛每次带给我的感觉都变幻无穷，不禁为霍尔的设计所折服。难怪这座建筑被某些评论家誉为20世纪现代建筑的最后一座里程碑。

芬兰各界多年来为建造一座现代艺术博物馆做了大量努力，直到20世纪90年代初才找到一个比较理想的解决办法：

芬兰政府同意划出赫尔辛基市中心的一块黄金地段作为馆址，而赫尔辛基市政府负责筹集建馆资金。1993年初，赫尔辛基市政府领导的一个专业委员会主持了关于这座博物馆的国际竞赛。来自北欧诸国及波罗的海沿岸诸国的所有建筑师均可参赛，委员会同时也邀请了另外四家国际知名的建筑事务所参赛，它们是：葡萄牙的阿尔瓦洛·西萨 (Alvaro Siza)、奥地利的库柏·西梅布芬 (Coop Himmelblau)、日本的篠原一男 (Kazuo Shinohara) 和美国的史蒂文·霍尔 (Steven Holl)。耐人寻味的是，作为现代建筑圣地之一的芬兰的建筑师们竟然在激烈的"主场"角逐中败北，霍尔以他名为基阿斯玛(Kiasma)的设计方案赢得了这场建筑设计竞赛，而基阿斯玛这个方案代号也成为这座博物馆的永久名称。"基阿斯玛"是一个生理学上的术语，指的是神经交叉网络，特别是指那些影响视觉认知的神经系统。

霍尔的设计仍是以对基地的研究作为构思的出发点，而已有的地域文化背景亦是他形成构思的重要依据：新博物馆的馆址位于赫尔辛基市的心脏位置，其西面是芬兰国会大厦，东面是芬兰建筑大师伊利尔·沙里宁 (Eliel Saarinen) 近百年前设计建成的赫尔辛基火车站，北面是另一位芬兰建筑大师阿尔托于 20 世纪 50 年代设计的芬兰大厦，南面则是市中心最古老最繁华的商业街。馆址有着天然的魅力，它刚好处于城市中心的景观交汇处，并位于伸向远处的图洛海湾的三角地带。它是每天市民游客的最大集散地，也是当地市俗文化的中心地带。

基阿斯玛既是建筑方案的名称和建成后博物馆的正式命名，更重要的，它也是建筑师构思理念的集中体现。这种理念反映在建筑的平面、立面、剖面及内部空间组织上，也表现在城市风景的交织几何学中。一种内藏的文化观念，将这座建筑物与北面的芬兰大厦和沙里宁的国家博物馆联系在一起，同时又积极加入到从赫尔辛基火车站直到图洛海湾的城市风景线上。在这项城市景观规划中，将海湾延伸引向中心建筑物，为未来的都市中心沿着水域的发展提供了一种余地,这种构思同时满足了当时阿尔托设计芬兰大厦时对整体环境的要求。

建筑是空间及空间组合的艺术,现代博物馆作为现代建筑最有代表性的类型,其理念之一就是创造有社会意义的空间来配合日益发展中的现代艺术观念。霍尔的这座现代艺术博物馆的设计就是力求创造一种为现代艺术的需要而变幻空间的体验,建筑师的设计本身虽已构成一件艺术品,但作为博物馆的设计师,更重要的是考虑被服务对象的艺术家们的多样要求,例如以安静的空间氛围衬出艺术家满腔热情的创作。馆内所有的展室都与一片弯曲的墙面构成一定角度,如此形成的室内空间的特色就是为当代艺术展览提供一种虽沉默却带有戏剧性的背景。这些展室在物理学上是静止的,但霍尔的空间分割却赋予他们非静止的内涵,人们可以简单地通过它们的不规则认识到这种区别。

现代博物馆的另一个重要理念是光的设计,这尤其体现在利用自然光来展示空间组合的魅力。对赫尔辛基而言,对光的设计就是理解和组织地球北部地区的接近水平线的自然光。现代博物馆设计中对自然光的追求和组织早已成为所有建筑师的共识,而追求和组织的手法也层出不穷。霍尔在此首先以建筑物的体量及形状来迎合自然光的加入,由建筑物的缓弯曲部位形成的展室,其形状和体量的细微差别,使自然光能以多种不同的方式射入。这种光线射入的不均匀性,会随着季节与时间的变化,在视觉上使博物馆的内部空间产生律动。从总体设计来看，整个博物馆就是一个轻微弯曲的"大走廊"，而自然光在其中的变化则是这个"大走廊"上展出的一件永恒的艺术品。各展室中空间的流动，在自然光不同角度的射入与内部空间的连续的结合中，淋漓尽致地被显现出来。这种设计为观众提供了心理和视觉的双重震憾，其效果在传统的博物馆设计中是无法感受到的。现代社会早已进入信息时代，人们对"交流"与"联系"的要求比任何时代都强烈许多，因此现代艺术品的展示也对展览场所提出同样的要求，即希冀通过展馆的创造性设计，使参观者对展品的体验在无限延续的光线中展开，将内在的体验和视觉的撞击交织成一个系统，这正是基阿斯玛这一术语的生理学本意。霍尔的构思是一种非常生动的创意思考，其结果对所有参观者都有一种不同寻常的引导，但这种引导首先是轻松而富于教益的。

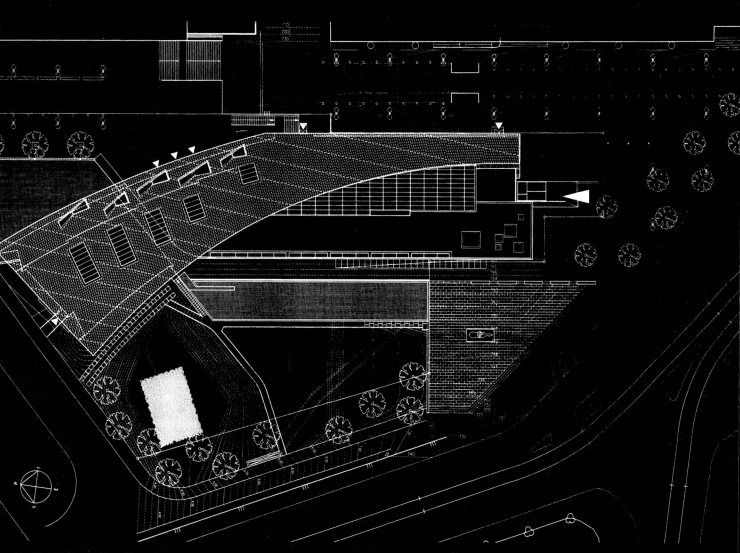

芬兰现代艺术博物馆，总平面图

霍尔在基阿斯玛设计中创造的交织而弯曲的空间,既避免了古典主义空间的生硬,又避免了解构主义和表现主义空间的极端复杂。基阿斯玛的充满活力的内在流动空间,通过弯曲的坡道和旋转的楼梯,为参观者提供了一个开放互动的视野景观,激励参观者自由选择各自通过长廊的线路,这完全不同于指令序列下的参观活动,其开放式结尾的不定期循环能随时建议参观者获得不同程度的调整,环顾四周进行思考并有所发现。

在带有多层展廊的现代博物馆设计中存在着一个普通的问题:即自然光往往只能顾及较高层的展廊,而低层展室则主要依靠人工采光。在基阿斯玛的设计中,霍尔通过两种途径来解决这个问题。第一,弯曲的屋顶在直接接受透射光的同时,水平光线则通过中央大厅折射进来,这样,自然光便可同时光顾上下层展廊;第二,弯曲屋顶的各个表面所形成的折射光线也可进入下层的展廊。因此可以说,这座建筑物的弯曲外形及交织形态都是为采光而设计的。正因为这种空间和光线的交织转换,使设计中能顾及到不同层面的自然采光问题,而由此形成的带有不规则角度的空间又与建筑外观完全吻合。

现代博物馆设计中往往需考虑多功能服务的要求,如定期与不定期的艺术研究会,舞蹈及音乐会,以及时装表演等,这些功能都在霍尔的设计中体现出来。而首层的咖啡厅更是一个非常吸引人的地方,它与博物馆内同在首层的艺术书店一起，成为日常最为繁忙的经营场所。咖啡厅同时面向入口大厅及水池花园，能够适应各种非正式活动，如各类团体的巡回表演，文学集会以及学生课程等。咖啡厅的室内外均设有餐桌，内外空间的交织仅由一道玻璃幕墙来完成。整个博物馆内配有世界一流的各种展示及音像设施，如礼堂中的最新录像投影设备，加上由一整块玻璃制成的屏风，使建筑外面的行人可以随时看到里面发生的故事。每当礼堂或小报告厅中举办演讲会，这种开放的视野效果就会时常吸引过路的有心人参加讨论，这正是现代艺术所追求的。

霍尔多才多艺，对细部工艺设计非常着迷，他为该博物馆设计了大量室内配套设施，包括咖啡厅的家具。霍尔是芬兰设计大师库卡波罗的朋友，他原本建议要请库卡波罗为该馆设计家具，但博物馆方面不同意，理由是库卡波罗的设计个性极强，其作品可能会与霍尔的建筑风格相冲突。最后采取了折衷方案，由霍尔设计咖啡厅的家具。有专家评论道，霍尔的家具只能用在他自己的建筑作品中。但无论如何，他设计的灯具、扶手、洗手池、便器等都是非常出色的。

基阿斯玛的设计充分证实：建筑学、艺术与文化是不可分离的综合体，它们都是城市景观的构成因素。这座现代艺术博物馆，以多方面多层次的构思，为所在城市提供了一个极具活力的空间形态。这种新的设计与现有城市景观的结合，就如同一个人的双手紧握而形成的自然联系。建筑师霍尔最终认为自己在这件作品中达到了预想的目的。

参考书目：

1. 《ANCHORING: Steven Holl Projects 1975-1991》.

   Princeton Architectural Press, New York, 1991.

2. 《INTERTWINING: Steven Holl Projects 1989-1995》.

   Princeton Architectural Press, New York, 1996.

3. 《Steven Holl 1984-1999》.

   Korea, C3 Design Group, 1999.

4. 《Steven Holl》 GA DOCUMENT EXTRA 06.

   A. D. A. EDITA Tokyo 1996.

5. 《Steven Holl 1996-1999》, El Croquis 93.

   Madrid, el Croquis editorial 1999.

6. 《Steven Holl 1998-2002》, El Croquis 108.

   Madrid, el Croquis editorial 2002.

7. 《GA DOCUMENT》 No. 56

   A. D. A. EDITA Tokyo, 1998.

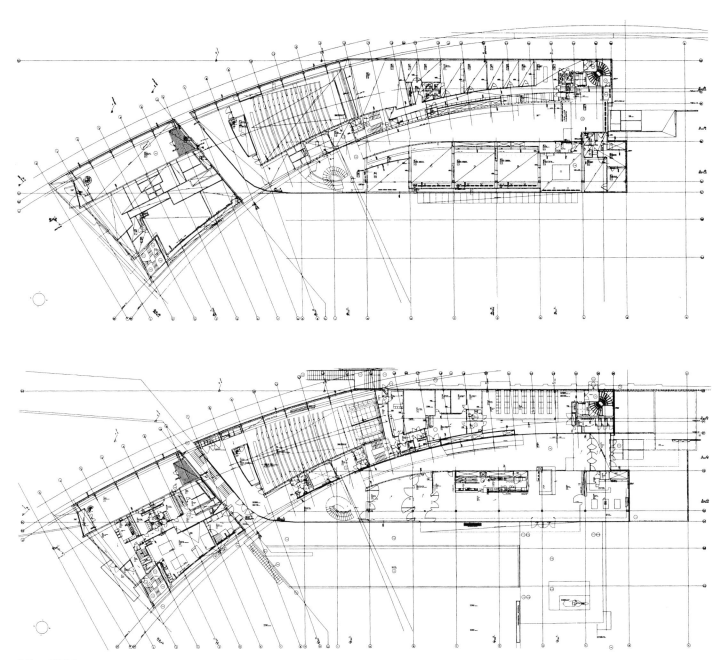

首层、二层平面

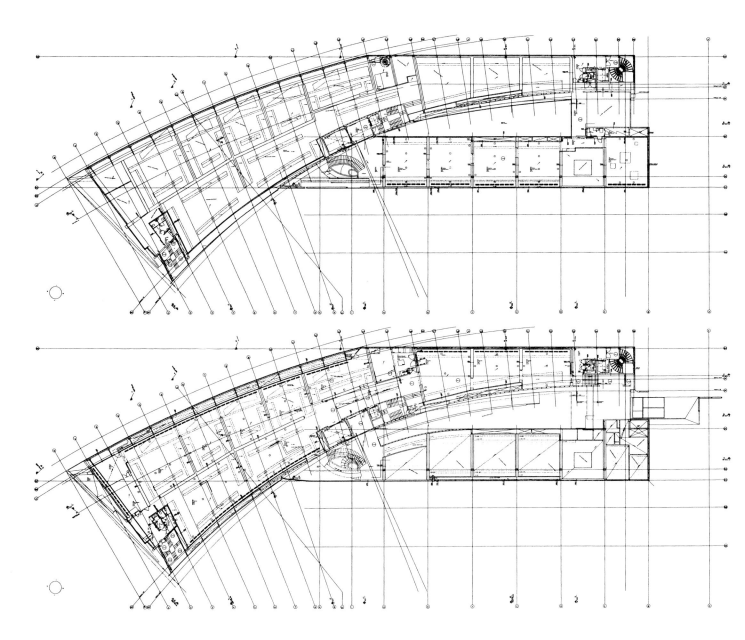

三层、四层平面

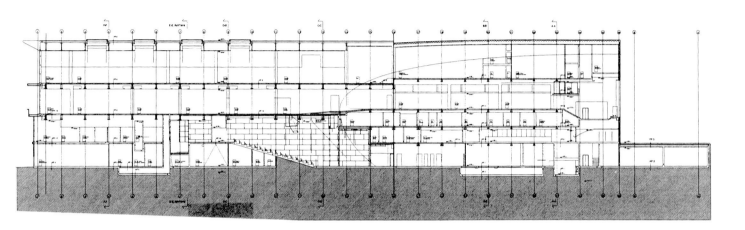

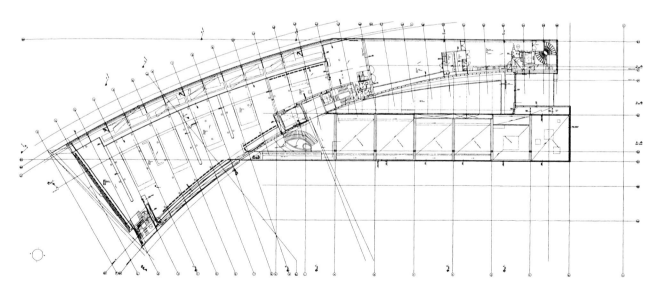

五层平面及纵剖面图

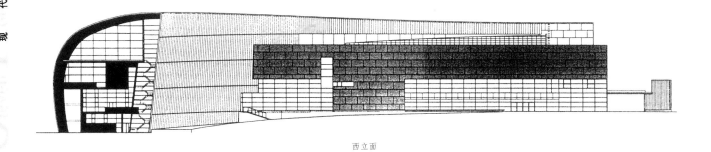

东立面

西立面

通过门厅和楼梯的纵剖面

东、西立面及纵剖面图之二

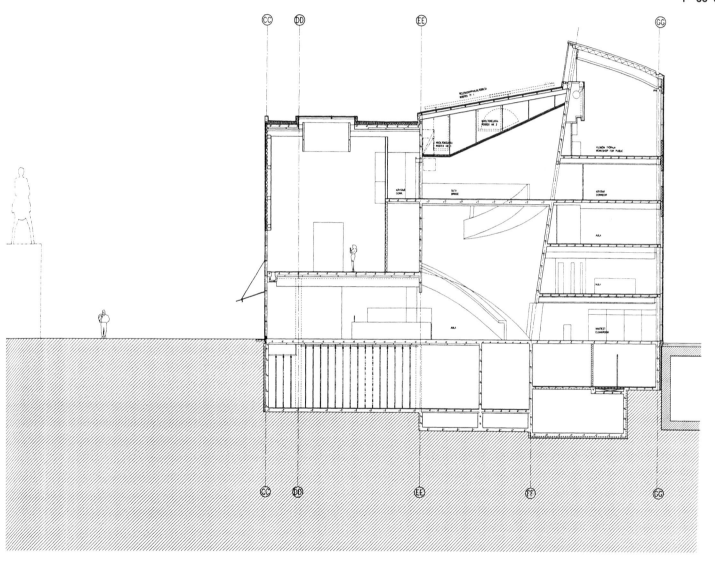

横剖面图 A

横剖面图 B—B

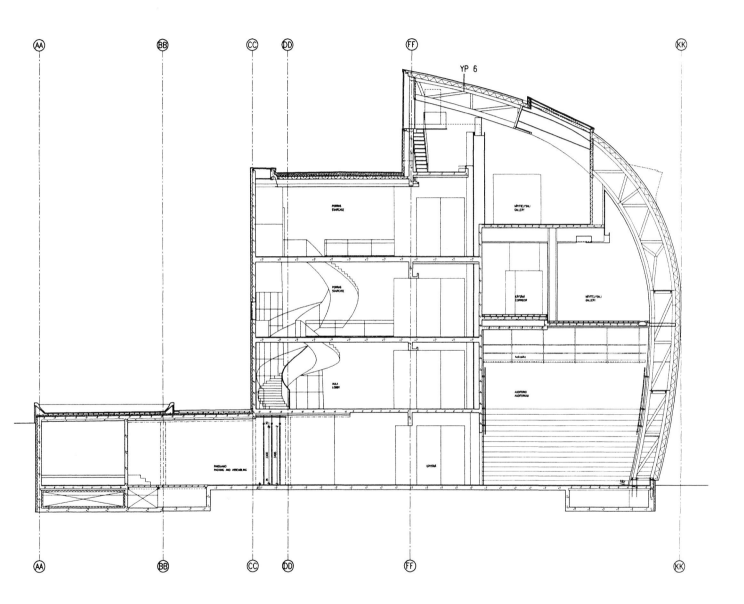

YP 6

PORRAS STAIRCASE

PORRAS STAIRCASE

AULA LOBBY

PACKING AND ASSEMBLING

NÄYTTELYSALI GALLERY

KÄYTÄVÄ CORRIDOR

NÄYTTELYSALI GALLERI

AUDITORIO AUDITORIUM

KÄYTÄVÄ

横剖面图 C-C

横剖面图 D—D

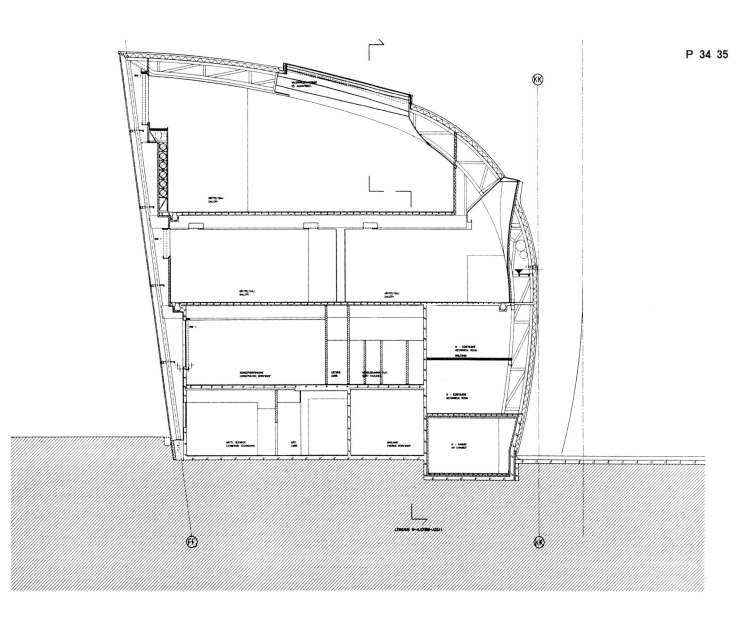

横剖面图 F—F

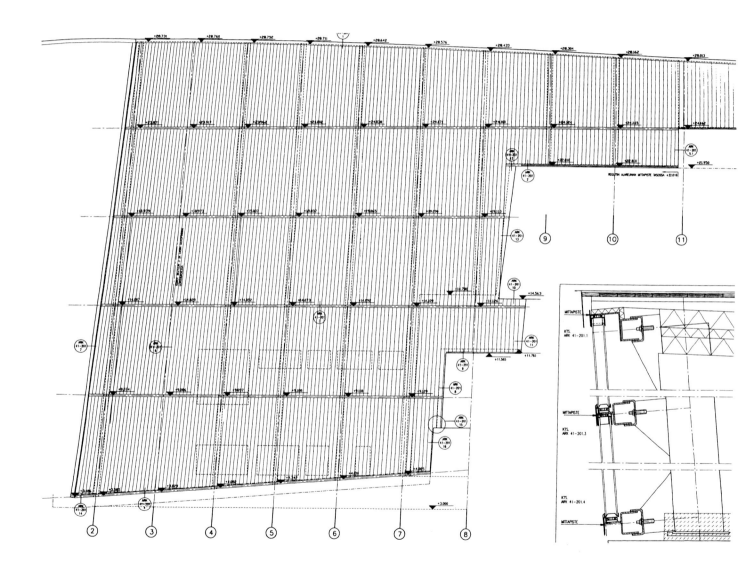

西立面节点大样

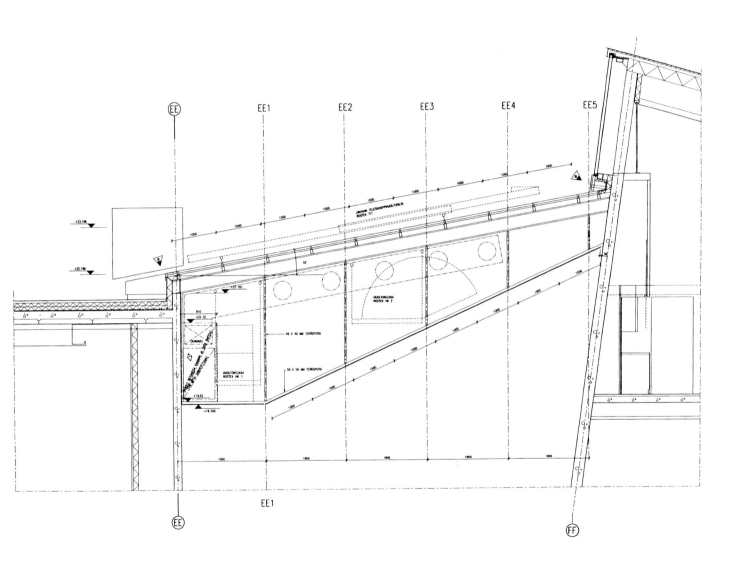

屋顶天窗节点大样

Axonometria / Axonometric view

KK

④

ARK 42-31.2 KOHTISUORA PROJEKTIO LASIA VASTAAN   1:20

KLA3/RI A

KLA3/RI A

④

KK

+29.460

+20.879

ARK 42-31.3 RUSETTI-IKKUNA, TYYPPI A, KATTOKUVA   1:50

ARK 42-31.4 RUSETTI-IKKUNA, SIVULASI   1:20

+29.460

+18.340

+17.430

+16.780

+15.820

YP6

VP21   +12.780

+13.740

ARK 42-31.1 RUSETTI-IKKUNA, TYYPPI A, LEIKKAUS A–A   1:20

曲线墙天窗节点大样

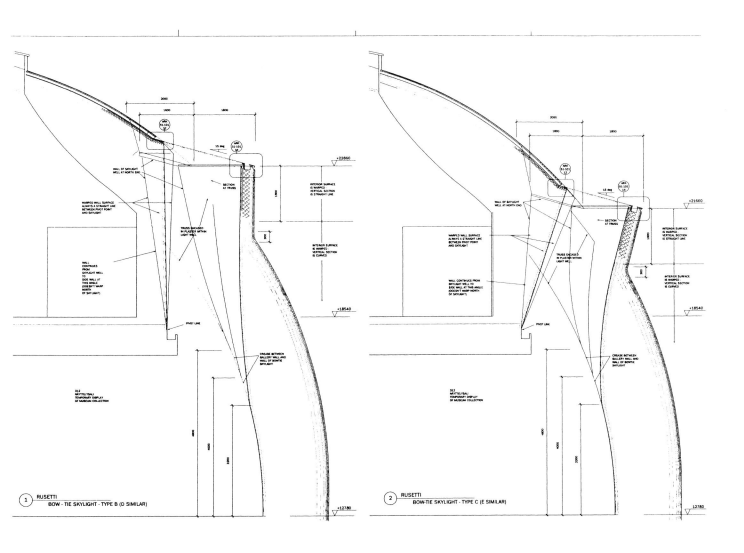

曲线墙天窗类型节点

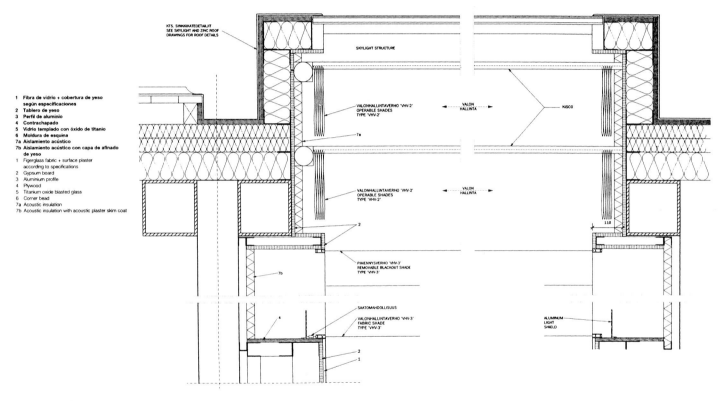

1 Fibra de vidrio + cobertura de yeso
   según especificaciones
2 Tablero de yeso
3 Perfil de aluminio
4 Contrachapado
5 Vidrio templado con óxido de titanio
6 Moldura de esquina
7a Aislamiento acústico
7b Aislamiento acústico con capa de afinado
   de yeso

1 Figerglass fabric + surface plaster
   according to specifications
2 Gypsum board
3 Aluminium profile
4 Plywood
5 Titanium oxide blasted glass
6 Corner bead
7a Acoustic insulation
7b Acoustic insulation with acoustic plaster skim coat

KTS. SINKKIKATEDETAILIT
SEE SKYLIGHT AND ZINC ROOF
DRAWINGS FOR ROOF DETAILS

SKYLIGHT STRUCTURE

VALONHALLINTAVERHO 'VHV-2'
OPERABLE SHADES
TYPE 'VHV-2'

VALON
HALLINTA

KISCO

7a

VALONHALLINTAVERHO 'VHV-2'
OPERABLE SHADES
TYPE 'VHV-2'

VALON
HALLINTA

110

2

7b

PIMENNYSVERHO 'VHV-3'
REMOVABLE BLACKOUT SHADE
TYPE 'VHV-3'

SAATOMAHDOLLISUUS

VALONHALLINTAVERHO 'VHV-3'
FABRIC SHADE
TYPE 'VHV-3'

4

2
1

ALUMINUM
LIGHT
SHIELD

顶层展厅天窗节点大样之一

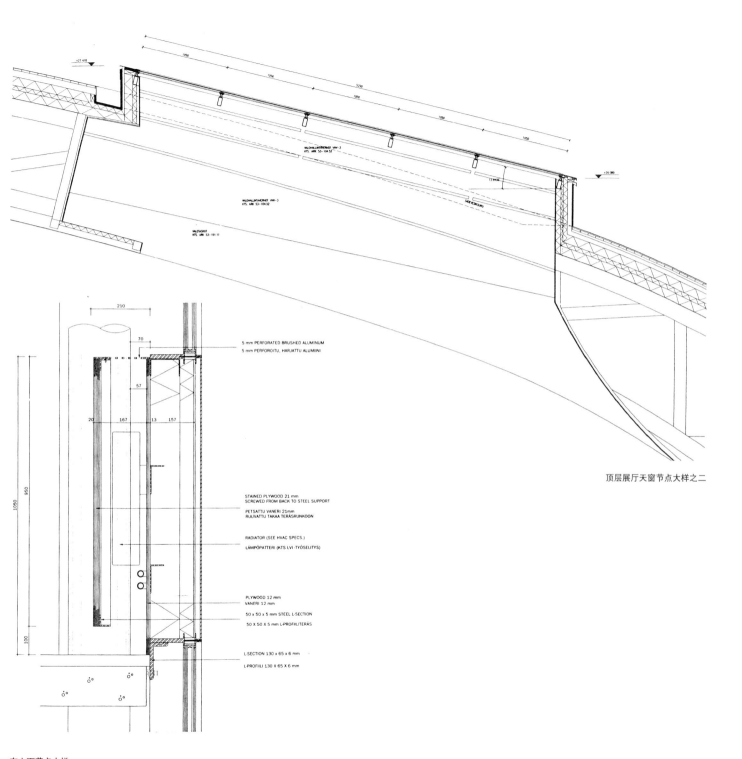

VALOHALLINTAVERHOT VHV-2
KTS. ARK 53-104.32

VALOHALLINTAVERHOT VHV-3
KTS. ARK 53-104.32

VALOTASKUT
KTS. ARK 53-101.11

SADEVESIKOURU

5 mm PERFORATED BRUSHED ALUMINUM
5 mm PERFOROITU, HARJATTU ALUMIINI

STAINED PLYWOOD 21 mm
SCREWED FROM BACK TO STEEL SUPPORT
PETSATTU VANERI 21mm
RUUVATTU TAKAA TERÄSRUNKOON

RADIATOR (SEE HVAC SPECS.)
LÄMPÖPATTERI (KTS LVI -TYÖSELITYS)

PLYWOOD 12 mm
VANERI 12 mm

50 x 50 x 5 mm STEEL L-SECTION
50 X 50 X 5 mm L-PROFIILITERÄS

L-SECTION 130 x 65 x 6 mm
L-PROFIILI 130 X 65 X 6 mm

顶层展厅天窗节点大样之二

东立面节点大样

东南方向外观

西南方向外观

西立面一侧水池

西立面一侧草坪

东立面细部

西立面夜景

左：夕阳下的金属墙面之一
上：夕阳下的金属墙面之二

室外餐厅之一

室外餐厅之二

北立面细部之一

北立面细部之二

北立面侧观

北立面正景

左：夕阳下的东立面一角
上：东立面一侧水池

东向屋顶立面

东向屋顶之一

东向屋顶之二

流水穿廊东入口

流水穿廊内景

南入口立面

上：南入口大门

下：南入口外观

门厅室内之一

门厅存衣帽处

餐厅之一

餐厅之二

餐厅之三

门厅主坡道之一

门厅主坡道之二

三层坡道一角

坡道空间一角

二层坡道一角

通向四层的坡道之一

通向四层的坡道之二

二层休息厅之一

二层休息厅之二

由二层休息厅看坡道大厅

二层休息厅之三

二层休息厅之四

左：三、四层的坡道与廊桥
上：四层廊桥

二层展厅的
换转空间

夕阳下的二层过渡空间

由五层展厅
向下

通向五层展
厅的坡道

主旋转楼梯
的过渡空间

三、四层画廊间的过渡空间

主旋转楼梯

二层的主旋转梯

二、三层间的主旋转梯

仰视主旋转梯

三层的主旋转梯

首层的主旋转梯

俯视主旋转梯

主旋转梯曲线之一   主旋转梯曲线之二

由五层展厅俯
视主旋转梯

辅梯俯视

辅梯一角

二层展厅之一

二层展厅之二

二层展厅之三   二层展厅之四

二、三层展厅之间的连接坡道

二、三层展厅过渡空间

三层展厅之一

三层展厅之二

三层展厅之三

三层展厅之四

四层展厅之一

四层展厅之二

四层展厅之三

四层展厅天窗之一

四层展厅天窗之二

四层展厅顶棚

五层展厅阳台之一

五层展厅阳台之二

五层展厅阳台之三

四层展厅之四

四层展厅之五

四层展厅之六

夕阳下的五
层主展厅

五层展厅之一

五层展厅之二

五层展厅之三

五层展厅天窗之一

五层展厅天窗之二

首层过渡空间一角

二层展厅入口

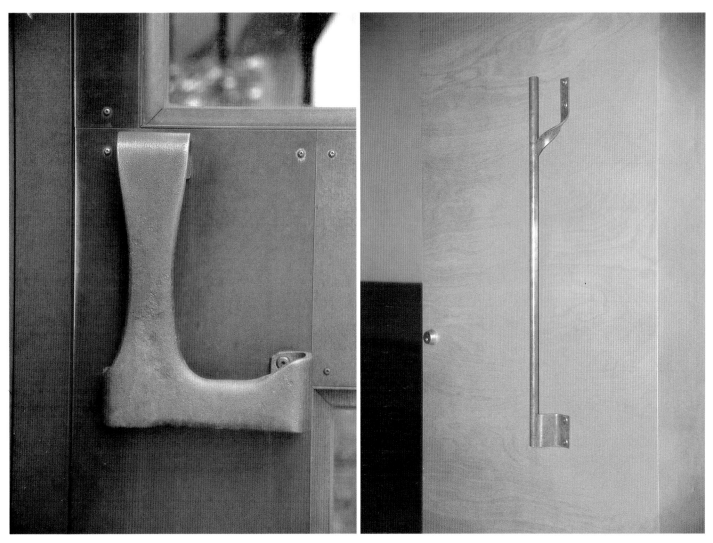

主入口大门扶手　　　　　　　　　　　　　　　　　　首层艺术书店大门扶手

过渡空间墙面设计

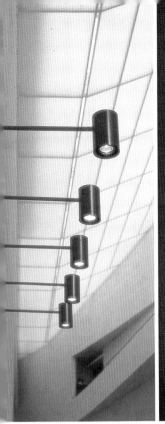

主坡道大厅的灯具

走廊壁灯

餐厅吸顶灯

衣帽间吸顶灯

图书在版编目(CIP)数据

史蒂文·霍尔芬兰现代艺术博物馆／方海著.—北京：中国建筑工业出版社，2003
（现代建筑名家名作系列）
ISBN 7-112-05872-4

I.史... II.方... III.博物馆－建筑设计－芬兰
IV.TU242.5

中国版本图书馆CIP数据核字（2003）第045461号

责任编辑：黄居正　王莉慧
装帧设计：伯　丁

现代建筑名家名作系列
史蒂文·霍尔
芬兰现代艺术博物馆

著文／摄影　方海

中国建筑工业出版社出版、发行（北京西郊百万庄）
新华书店经销
伊诺丽杰设计室制版
精美彩色印刷有限公司印刷
开本：889 × 1194毫米　1/20　印张：5⅗
2003年9月第一版　2003年9月第一次印刷
印数：1—2,000册　定价：58.00元
ISBN 7-112-05872-4
TU · 5159 (11511)
本社网址：http://www.china-abp.com.cn
网上书店：http://www.china-building.com.cn